RECHERCHES

EXPÉRIMENTALES

SUR L'ACTION DU SEL DANS LA VÉGÉTATION,

ET SUR SON EMPLOI EN AGRICULTURE;

PAR M. BECQUEREL,
MEMBRE DE L'ACADÉMIE DES SCIENCES,
DE LA SOCIÉTÉ ROYALE ET CENTRALE D'AGRICULTURE, ETC. ETC.

PARIS,
TYPOGRAPHIE DE FIRMIN DIDOT FRÈRES,
IMPRIMEURS DE L'INSTITUT DE FRANCE,
RUE JACOB, 56.

—

1847.

RECHERCHES

EXPÉRIMENTALES

SUR L'ACTION DU SEL DANS LA VÉGÉTATION,

ET SUR SON EMPLOI EN AGRICULTURE.

1847

DE

L'ACTION DU SEL

SUR LA VÉGÉTATION,

ET DE

SON EMPLOI EN AGRICULTURE.

§ Ier. *Des opinions émises jusqu'ici touchant l'action du sel sur la végétation.*

Dans le mémoire que j'ai lu à la Société royale et centrale d'agriculture le 7 juillet dernier, sur l'état de la végétation dans les terrains salifères, sous l'influence de l'eau, j'ai posé en principe que le sel et l'eau mis en contact successivement et en petite proportion avec les plantes, étaient le mode le plus avantageux pour obtenir des fourrages de qualité supérieure, surtout dans les lieux naturellement secs; les conséquences auxquelles j'ai été conduit à cet égard résultaient d'observations et d'analyses faites dans les anciennes salines royales de l'Est et les contrées environnantes. Ce travail, à vrai dire, n'était que la première partie des recherches que je me proposais d'entreprendre sur l'emploi du sel en agriculture, comme amendement, en commençant toutefois par étudier le rôle que joue cet agent dans les différentes phases de la végétation des plantes fourragères et des céréales.

On conçoit effectivement qu'avant de passer aux applications, il faut déterminer les principaux phénomènes physiologiques produits sous l'influence du sel dans tout le cours de la végétation, afin de les éviter, ou de les favoriser, suivant qu'ils sont utiles ou nuisibles à son développement.

Avant d'entrer en matière, je résumerai les principales opinions émises jusqu'ici sur cette grave question, qui est encore un sujet de controverse entre les hommes spéciaux; particulièrement celles de MM. Boussingault, de Gasparin, Puvis, Lecoq et Kulhmann, qui ont envisagé diversement cette question, afin de présenter au lecteur, dans un cadre très-restreint, tout ce qui peut servir à faire connaître son état actuel.

M. Boussingault (*Économie rurale,* tome Ier, p. 194) pose en principe que les sels à base de potasse et de soude sont favorables à la végétation, à raison de la présence de l'un ou de l'autre de ces alcalis dans les plantes. Il ajoute, cependant, qu'ils ne doivent se trouver dans le sol qu'en très-faible quantité, vu que leur base n'existe qu'en très-petite proportion dans les végétaux. Ces derniers, à la vérité, ne renferment ordinairement que fort peu de composés à base alcaline; mais aussi on ne s'est pas attaché à rechercher jusqu'ici s'ils ne pouvaient en prendre beaucoup plus, tout en se conservant en bonne santé et en acquérant plus de développement. Dans mon mémoire déjà cité, j'ai abordé cette question, en faisant voir que des plantes pouvaient absorber, sous certaines conditions hygroscopiques, une quantité considérable de sel, sans cesser pour cela de végéter avec force.

M. Boussingault pense, du reste, que les expériences faites jusqu'ici pour constater l'action des différentes substances salines sur la végétation n'ont conduit à aucun résultat définitif. Cette assertion était exacte à l'époque où parut son remarquable traité d'économie rurale, mais aujourd'hui il n'en est plus ainsi, comme on le verra plus loin.

M. de Gasparin (*Cours d'agriculture*, tome Ier, p. 296) est plus explicite sur l'intervention du sel en agriculture : Lorsque les terres, dit cet habile agriculteur, renferment 0,02 de sel, il n'y croît que des salicornes, de l'atriplex maritimum, etc., qu'on retrouve encore quand elles en contiennent 0,05.

Lorsque les terres salées sont sablonneuses et profondes, elles se dessalent peu à peu par l'action des eaux pluviales, et deviennent très-propres à la culture dans les climats humides. Nous voyons encore ici la preuve de l'intervention de l'eau dans le rôle que joue le sel comme amendement.

Les terrains salins mous et tenaces deviennent durs quand ils sont secs; le sel effleurit alors à leur surface. La culture en est difficile quand ils sont humides; il faut attendre la sécheresse pour la préparation des terres. Les récoltes y sont chanceuses quand l'atmosphère n'est pas habituellement humide. Si le printemps est sec, le collet des plantes est tellement pressé qu'elles ne peuvent pas profiter. Lorsque la saison est favorable, les récoltes en blé sont superbes.

Ces réflexions sont pleines de justesse et rentrent

tout à fait dans les principes exposés dans mon premier mémoire.

M. de Gasparin reconnaît encore que les terrains salins sont considérés comme fournissant d'excellents fourrages pour les moutons, surtout quand ils peuvent être arrosés avec de l'eau douce. Ce fait, du reste, est acquis à la science agronomique depuis longtemps, comme je pourrais en citer de nombreux exemples.

Enfin, quand le sous-sol est plus salé que la surface, les arbres n'y viennent pas.

M. Puvis rapporte que dans le comté de Cornwal on forme des composts avec du sel impur des sécheries, des sables de la mer, de la terre ou des débris de poissons, composts auxquels on attribue l'abondance des récoltes.

On a remarqué, suivant lui, que, dans l'île de Man, l'emploi du sel sur le sol détruit la mousse des prairies; fait que j'ai eu l'occasion de constater moi-même, dernièrement, dans les environs de la saline de Dieuze.

Dans le Morbihan on arrose le fumier avec de l'eau de mer, et on s'en trouve bien.

Dans quelques cantons du littoral, ajoute M. Puvis, on sème simultanément de la salsola et du froment, dans les terrains salés envahis quelquefois par les eaux de la mer. Lorsque les pluies lavent les terres et les dessalent, le froment devient très-beau et la salsola reste très-faible. Dans le cas contraire, c'est-à-dire lorsqu'il y a peu de pluie, le froment est en souffrance, tandis que l'autre plante prend de l'accroissement. M. Puvis en tire la conséquence qu'une quantité modérée de sel est très-favorable au produit du froment;

tandis qu'une forte proportion lui est nuisible. Il fait encore observer que les polders ou terrains qui se trouvent sur les côtes de Hollande et de France, et qui, au moyen de digues, ont été enlevés à la mer, sont d'une inépuisable fécondité, puisqu'ils produisent sans engrais depuis un temps considérable. Cette observation, sans aucun doute, est très-remarquable et doit être prise en considération dans l'étude que l'on fait maintenant du sel comme amendement.

Enfin, M. Puvis rapporte un fait intéressant que je ne dois pas oublier de mentionner.

A Châteauneuf (Côtes-du-Nord) on avait semé, en 1792, du colza dans 100 hectares de terre; une grande marée ayant brisé les digues, le terrain fut livré à la mer pendant quatre ans. Les digues réparées, et après que de fortes pluies eurent lavé le terrain, on le vit se couvrir de colza semé quatre années auparavant. Il vint à maturité, et l'on récolta 26,000 hectolitres de graine.

Dans l'analyse succincte que je viens de présenter des opinions émises sur l'emploi du sel comme amendement, on trouve des assertions plus ou moins favorables au rôle que joue cet agent; assertions reposant sur des faits observés anciennement, et non sur des recherches expérimentales entreprises dans le but de les vérifier à l'aide de résultats numériques permettant de les apprécier à leur juste valeur.

MM. Lecoq et Kulhmann ont agi autrement; ils en ont appelé à l'expérience directe.

M. Lecoq a commencé par semer sur du coton trempé dans de l'eau distillée différentes graines. Les terrines ont été partagées en plusieurs groupes. Chaque groupe partiel se composait de deux terrines renfermant chacune la même graine. L'une d'elles était arrosée avec de l'eau distillée; l'autre avec une solution contenant un centième de chlorure de sodium, de chlorure de calcium, de sulfate de fer, de nitrate de potasse ou d'eau de chaux. Il a obtenu un produit de froment en vert presque double dans les terrines arrosées d'eau salée de celui qu'ont donné les deux autres.

Dans les terrines arrosées avec du chlorure de calcium, le produit a été d'un tiers en sus; dans celles arrosées avec de l'eau de chaux, il a été un peu moindre. Le trèfle a donné deux tiers en sus avec l'eau de chaux et le chlorure de calcium; le sel marin et une eau minérale composée de mélanges de différents sels, un produit à peu près double.

Dans des expériences faites sur une plus grande échelle, M. Lecoq a trouvé qu'en semant 150 à 300 kilogrammes de sel par hectare, la culture de l'orge, du froment, de la luzerne et du lin, était favorisée, et que le chlorure de calcium et le sulfate de soude produisaient le même effet.

M. Lecoq a reconnu enfin que le sel améliore la quantité du fourrage des prés humides. Le bétail le consomme avec d'autant plus de plaisir, qu'il semblait en avoir peu avant que les prés fussent salés.

Voici, du reste, comment M. Lecoq envisage l'action du sel sur les végétaux.

Le sel marin stimule, dans les plantes, l'absorption de l'acide carbonique, de sorte qu'il fait vivre les plantes bien plus aux dépens de l'atmosphère qu'à ceux du sol. Il donne plus de consistance aux parties vertes, les rend plus fermes, plus épaisses, et leur communique une grande force d'aspiration ; aussi les plantes qui ont reçu des engrais salins se dessèchent-elles plus difficilement.

M. Daurier, qui a répété quelques-unes des expériences de M. Lecoq en répandant du sel en diverses proportions sur des terres ensemencées de céréales, a été conduit à des résultats négatifs; mais aussi rien ne prouve qu'il ait opéré dans des circonstances qui seules assurent le succès des expériences, et qui se sont peut-être présentées naturellement dans le cours des recherches de M. Lecoq.

M. Kulhmann, dans ses recherches chimiques et agronomiques publiées cette année, a été conduit à étudier l'influence des substances salines et minérales, et en particulier du sel marin, considérées, soit isolément, soit associées à des engrais azotés.

Il a d'abord admis, comme tout le monde, que, dans les engrais, l'action principale provient des matières azotées, et qu'elle est influencée en outre par différents sels de nature minérale. L'engrais dont il a fait usage dans ses expériences est le chlorhydrate d'ammoniaque (sel ammoniac); les sels minéraux sont le silicate de potasse, le carbonate de soude, le phosphate de soude, le phosphate de chaux des os, le sel marin, le plâtre cuit, la craie en poudre, et la chaux éteinte.

Les expériences ont été faites sur la production du foin qui permettait une suite non interrompue de récoltes de même nature, dans un pré récemment semé. Ce pré a été partagé en compartiments d'une superficie de trois ares chacun. Les engrais, enfin, ont été dissous ou délayés dans 1000 litres d'eau pour chaque compartiment.

Voici le résumé des principaux résultats obtenus par M. Kulhmann en 1845 et 1846, deux années dont la première a été extrêmement pluvieuse et l'autre très-sèche; circonstances éminemment favorables pour l'étude des effets que l'on avait en vue.

Pendant ces deux années, le chlorhydrate d'ammoniaque, employé seul dans la proportion de 200 kilogrammes par hectare, a constamment donné un accroissement de récolte. En 1845, cette augmentation a été, pour la récolte en foin et comparativement aux parties non fumées, dans le rapport de 136 à 100. Quant aux regains, le produit a été diminué de 20 pour 100.

En 1846, le même engrais a augmenté la récolte de foin dans le rapport de 158 à 100.

En associant le sel marin au chlorhydrate d'ammoniaque, dans la proportion de 200 kilogrammes de l'un pour 200 kilogrammes de l'autre, l'excédant de récolte en foin, eu égard à la présence du sel, a été généralement plus grand, en 1845, qu'avec toutes les matières salines associées au sel ammoniac, surtout relativement au regain.

Le rapport entre la récolte totale obtenue avec le chlorhydrate d'ammoniaque seul d'une part, et le mélange des deux sels de l'autre, a été de 100 à 119. Celui entre la récolte sans engrais et celle avec le sel marin a été de 100 à 115.

En 1846, année très-sèche, le sel marin, ainsi que les autres substances salines employées, n'a produit qu'un résultat insignifiant; ce qui montre la nécessité de l'intervention de l'eau pour que le sel agisse efficacement.

M. Kulhmann tire de ces résultats les conséquences suivantes : Dans la plupart des expériences, les substances salines minérales augmentent l'influence des composés azotés, en présence toutefois d'une grande humidité. Le sel marin (comme je l'ai également démontré) peut être d'une grande utilité pour activer la fertilité des terrains humides, tandis qu'il est inutile et peut même nuire à la végétation dans les terrains secs et élevés; ce qui explique les résultats contradictoires obtenus par quelques personnes en employant le sel marin dans diverses localités, les unes sèches et les autres humides.

Les expériences de M. Kulhmann ont été faites dans une très-bonne direction, et paraissent mériter toute confiance; aussi les résultats doivent-ils être pris en considération par quiconque s'occupe de l'emploi du sel comme amendement.

Les personnes qui nient l'influence salutaire du sel sur la végétation, dans des conditions déterminées, se préoccupent peut-être trop de l'idée généralement reçue chez les anciens que, pour rendre une terre stérile, il fallait y semer du sel. Cette assertion est vraie dans les contrées où il ne pleut que rarement, et où le sol, par conséquent, est presque toujours dans un grand état de sécheresse, tandis qu'elle ne l'est pas dans les pays généralement humides.

L'état hygroscopique du sol étant un élément important dans la question, en en faisant abstraction, on complique singulièrement sa solution.

D'un autre côté, en répandant du sel sur un sol en

même temps que la semence, on ne s'est jamais demandé comment il agissait, et si son mode d'action était le même,

1° Dans la germination;

2° Pendant le développement de la végétation jusqu'à la floraison, c'est-à-dire, pendant la pousse herbacée;

3° Depuis la floraison jusqu'à la fructification;

4° Enfin, depuis la fructification jusqu'à la cessation de toute végétation, ou la mort de la plante.

Si on l'eût fait plus tôt, bien certainement beaucoup de personnes auraient modifié leur opinion touchant l'action du sel dans la végétation; mais comme la question était très-complexe, il fallait nécessairement la scinder pour en étudier séparément chacune des parties.

§ II. — *Action du sel sur la germination.*

Pour étudier cette action, on a disposé les appareils comme il suit :

Des pots en terre cuite de 2 à 3 décimètres de diamètre et *percés en dessous* ont été remplis aux deux tiers de graviers; au-dessus on a mis un mélange de terre franche et de terreau. Chaque pot a été placé dans un autre rempli d'eau jusqu'à la hauteur du gravier. Au fur et à mesure que l'eau s'évaporait dans le vase intérieur, elle était remplacée par celle contenue dans le pot extérieur, où elle était constamment maintenue au même niveau. La terre se trouvait donc toujours dans le même état d'humidité. Il y avait constamment

1 litre 5 centilitres d'eau dans le pot extérieur. Ces dispositions prises, on a semé la même quantité de graines dans les deux appareils, et on a dissous, dans l'eau de l'un d'eux, 20 grammes de sel. Le sel, sans cesse ramené à la surface de la terre, était redissous par l'eau non saturée remplaçant celle qui était évaporée.

PREMIÈRE EXPÉRIENCE.

Le 17 juillet on a semé deux grammes de *ray-grass* dans chaque appareil. Celui n° 1 fonctionnait avec de l'eau pure, et celui n° 2 avec de l'eau salée.

Le 21, toutes les graines étaient levées dans l'appareil n° 1; tandis que dans l'autre il n'y en avait que quelques-unes.

Le 25, dans l'appareil n° 1 les plantes avaient deux centimètres de hauteur. Dans l'appareil n° 2, le quart seulement des graines était levé, et les jeunes plantes n'avaient que quelques millimètres de hauteur.

Le 4 août, les plantes de l'appareil n° 1 avaient 10 centimètres de hauteur; celles du n° 2, dont le nombre n'était que le tiers des plantes de l'autre, n'avaient que 6 centimètres.

La végétation a continué jusqu'au 20 août, époque où l'expérience a été interrompue.

Les plantes ont été arrachées, lavées, séchées, puis incinérées pour la détermination des quantités de sel qu'elles renfermaient.

On a obtenu :

1° *Ray-grass soumis au régime non salé.*

	gr.
Plantes sèches	18,000
Plantes incinérées	4,060
1 gramme de cendre a été lavé à l'eau bouillante à diverses reprises, pour dissoudre tout le sel qui y était contenu. Dans la solution on a versé un excès de nitrate d'argent, après avoir mis un léger excès d'acide nitrique pour décomposer les carbonates. Le chlorure d'argent précipité a été lavé, puis décomposé avec du zinc et de l'eau acidulée avec de l'acide sulfurique.	
L'argent obtenu pesait, après calcination	0,051
Or, comme 100 parties de chlorure d'argent renferment 24,67 de chlore et 75,33 d'argent, il s'ensuit que les 0gr.,051 étaient combinés dans le chlorure d'argent avec 0,016 de chlore.	

D'un autre côté :

	gr.
100 parties de chlorure de sodium renferment 60,34 de chlore; donc 0,016 correspondront à une quantité de sel égale à	0,026
On aura pour les 4,060 de cendre, ou pour les 18 gr. de plantes sèches	0,120
Et pour 100 grammes	0,666
Ou 0,00666 du poids des plantes sèches.	

2° *Ray-grass soumis au régime salé.*

	gr.
Plantes sèches	7,000
Plantes incinérées	1,000
1 gramme de cendre renfermait en sel	0,384
100 grammes de plantes sèches renfermaient en sel ..	5,500
Ou 0,055 de leur poids.	

DEUXIÈME EXPÉRIENCE.

Le 22 juillet on a semé, dans chacun des deux appareils formant un couple, 5 grammes de graine de moutarde blanche. Le n° 1 fonctionnait comme ci-dessus avec de l'eau, et le n° 2 avec de l'eau salée.

Le 25, toutes les graines étaient germées dans l'appareil n° 1 ; tandis que dans l'autre, les graines étaient seulement gonflées.

Le 31, les tiges de l'appareil n° 1 avaient 8 centimètres de hauteur, et celles de l'appareil n° 2 deux centimètres seulement.

Le 4 août le rapport des hauteurs était sensiblement de 20 à 4.

L'expérience a été arrêtée le 20 août.

L'analyse a donné :

1° *Moutarde soumise au régime non salé.*

	gr.
Plantes sèches	59,000
Plantes incinérées	17,500
1 gramme de cendre renfermait en sel	0,046
100 grammes de plantes sèches renfermaient en sel	0,530

Ou 0,0053 de leur poids.

2° *Moutarde soumise au régime salé.*

	gr.
Plantes sèches	30,000
Plantes incinérées	7,000
1 gramme de cendre a donné en sel	0,330
100 grammes de plantes sèches renfermaient en sel	7,700

Ou 0,077 de leur poids.

TROISIÈME EXPÉRIENCE.

Des graines de vesce ont été soumises également au régime salé et au régime non salé, pendant et après la germination, en suivant les mêmes errements. Les graines semées dans l'appareil où se trouvait l'eau salée n'ont pas germé, elles ont gonflé et l'embryon a dépéri peu à peu. Avec le froment, même résultat; c'est-à-dire qu'il y a eu absence de germination dans l'appareil où se trouvait l'eau salée.

QUATRIÈME EXPÉRIENCE.

Le 23 juillet, on a semé par parties égales 10 grammes de ray-grass dans deux pots disposés comme il a été dit précédemment, mais d'un diamètre double, et placés dans deux baquets contenant chacun 8 litres d'eau, afin que le degré d'humidité fût toujours le même.

Sur la terre de l'appareil n° 2, offrant une superficie d'environ 4 décimètres carrés, on a répandu 3 grammes de sel.

Le 30 juillet la végétation était également bien développée dans les deux appareils, mais les plantes de l'appareil n° 1 avaient un peu plus de longueur que celles du n° 2.

Le 4 août, la différence était sensible; le rapport entre les hauteurs était de 5 à 6.

Le 9 août, on a dissous 100 grammes de sel dans les 8 litres d'eau de l'appareil n° 2.

Le 15 août, la végétation continuait à être vigoureuse dans les deux appareils ; on a encore ajouté 20 grammes de sel à l'eau du n° 2. La grande quantité de sel fournie aux plantes après la germination n'a point empêché la végétation de se développer avec force. Il existait toujours néanmoins une petite différence entre les hauteurs des tiges, en faveur de celles de l'appareil n° 1, non soumis au régime faiblement salé avant la germination.

Je signalerai un fait assez remarquable qui s'est produit dans ce cas-ci et dans d'autres semblables : lorsque le ciel était très-pur, la rosée se déposait le matin assez abondamment sur les feuilles du ray-grass soumises au régime non salé, tandis qu'il y avait absence de rosée sur les feuilles de l'autre appareil. L'expérience ayant cessé le 15 septembre, on procéda à l'analyse.

1° *Ray-grass de l'appareil n° 1 soumis au régime non salé.*

	gr.
Plantes sèches	24,000
Plantes incinérées	11,000
1 gramme de cendre contenait en sel	0,005
100 grammes de plantes sèches contenaient en sel...	0,250

Ou 0,0025 de leur poids.

2° *Ray-grass de l'appareil n° 2 soumis au régime salé.*

	gr.
Plantes sèches	18,000
Plantes incinérées	5,000
1 gramme de cendre contenait en sel	0,117
100 grammes de plantes sèches contenaient en sel...	3,200

Ou 0,032 de leur poids.

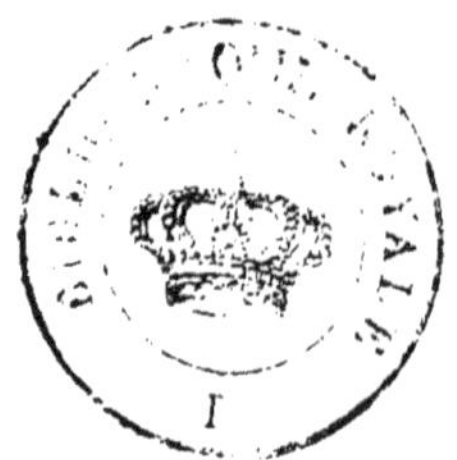

Conséquences déduites des quatre expériences précédentes.

Les expériences 1 et 2 démontrent que le sel marin, dans les proportions indiquées, retarde et détruit même en partie la germination des graines de ray-grass et de moutarde blanche.

L'expérience n° 3 prouve qu'il détruit complétement celle du froment et de la vesce.

L'expérience n° 4 indique un retard, faible à la vérité, mais cependant incontestable, dans la germination et la végétation qui la suit.

On voit donc que lorsque le sel n'anéantit pas la germination, les jeunes plantes néanmoins se ressentent dans le cours de leur végétation de l'altération que les embryons ont éprouvée lorsque la vie a commencé à se développer.

Ne pourrait-on pas interpréter comme il suit cette tendance du sel à nuire à ce premier acte de la vie végétale : quand une graine est soumise aux actions combinées de l'eau et de la chaleur, elle se gonfle, la matière amilacée des cotylédons se change en gomme et en sucre servant à la nourriture et au développement de la plantule. Ces substances remplacent le lait dont se nourrissent les jeunes animaux dans le premier âge. Or, le sel s'opposant en général à la décomposition des matières organiques, puisqu'il est employé à retarder la putréfaction des matières animales, il suit de là que la matière amilacée ne pouvant éprouver les changements nécessaires pour fournir à la plantule les aliments qui lui sont indispensables, cette plantule doit nécessairement périr. Si la destruction n'est pas complète, la plante, pendant la végétation, se ressent des altérations que sa constitution a éprouvées de la part du sel durant la germination.

Cette action nuisible du sel pendant la germination a encore été mise en évidence dans l'expérience suivante :

Le 20 août, on avait semé dans deux carrés de bonne terre végétale d'un mètre carré de superficie, 6 grammes de moutarde blanche; c'est-à-dire 3 grammes dans chaque carré. On avait ensuite terreauté; un des carrés avait reçu préalablement 35 grammes de sel. Pendant huit jours on a arrosé chaque carré, le matin, avec 5 litres d'eau. La germination a marché lentement dans le carré salé, et même beaucoup de grains n'ont pas levé.

Le 14 septembre, époque où l'expérience fut arrêtée, il existait 270 pieds de moutarde dans le carré non salé et 145 dans l'autre, c'est-à-dire un peu plus de moitié. Ce résultat indique sur-le-champ l'action destructive exercée par le sel sur la germination.

L'analyse a donné les résultats suivants :

	gr.
Les 145 pieds ont fourni en cendre..............	0,6
Les 270 pieds ont fourni en cendre..............	3,5
Dès lors chaque pied des 145 a donné.............	0,004
Et chaque pied des 270 a donné................	0,011

Ainsi les plantes venues dans le carré non salé avaient, en moyenne, trois fois plus de poids que celles provenant de l'autre carré.

On voit enfin que les plantes de ray-grass, de moutarde blanche, non soumises au régime salé et amenées à leur plus grand degré de dessiccation, ont donné en sel à l'analyse 0,0066, 0,0053, 0,0025 de leur poids. Ce sel provenait des eaux du pays, qui en renferment une très-petite quantité; tandis que les plantes soumises au régime salé ont donné 0,055, 0,077, 0,032 de leur poids en sel, c'est-à-dire dix fois plus que les précédentes. Nous ferons remarquer que la moutarde a pris jusqu'à près de 8 pour cent, ce qui est énorme.

Cette grande teneur en sel, ainsi que les phénomènes physiologiques produits, varient probablement suivant les quantités de sel tenues en solution dans l'eau. Des expériences sont nécessaires pour établir la loi que suivent ces phénomènes dans les différents cas.

Voulant m'assurer si les plantes venues à quelques centaines de mètres de distance du lieu des expériences, dans une terre arable, renfermaient également du sel, j'ai pris 81 grammes de paille d'avoine sèche qui en provenait, et je les ai soumis au mode d'analyse précédemment suivi; en voici les résultats :

	gr.
Tiges incinérées........................	6,000
1 gramme de cendre a donné en sel..............	0,023
100 grammes de paille ont donné en sel...........	0,170
Ou 0,0017 de leur poids.	

On voit par là que, loin du champ des expériences, les plantes renferment encore une petite quantité de sel, fournie, comme je l'ai déjà dit, par les eaux.

Le fait rapporté précédemment par M. Puvis, relatif à la conservation de graines de colza pendant quatre ans, dans de l'eau de mer, trouve son explication dans la faculté que possède l'eau salée, hors du contact de l'air, de s'opposer à la décomposition de la matière amilacée des graines, sans laquelle la germination ne saurait avoir lieu.

§ III. — *Expériences propres à montrer l'action du sel pendant la seconde phase de la végétation, c'est-à-dire pendant la pousse herbacée.*

A priori, on peut admettre que le sel ne doit pas agir sur le développement de la végétation, depuis l'accomplissement de la germination jusqu'à l'instant de la floraison, de la même manière que pendant la germination; puisque, dans ce cas-ci, le sel paraît s'opposer à la décomposition de la matière amilacée, pour sa transformation en gomme et en sucre. Dans l'autre cas, alors que la germination est achevée et que les phénomènes de la respiration s'effectuent dans les feuilles, le sel est transporté avec l'eau dans les différents tissus et organes, et ne doit plus agir ensuite, selon la quantité introduite, que pour activer ou ralentir ces phénomènes et les élaborations diverses des sucs destinés à la nutrition et au développement de la plante. Le sel ne saurait donc remplir, dans ces deux cas, le même rôle. L'expérience confirme effectivement cette déduction tirée des faits précédemment exposés.

PREMIÈRE EXPÉRIENCE.

On a semé le 1er août, dans deux appareils disposés comme les nos 1 et 2 du § Ier, 20 grammes de froment, c'est-à-dire 10 grammes dans chaque appareil, mais sans mettre d'abord de sel dans l'appareil no 2. Quand les tiges ont eu un centimètre de longueur, on a dissous 10 grammes de sel dans le litre et demi d'eau de cet appareil, ce qui était une teneur assez considérable.

Le 9 août, la végétation était aussi belle d'un côté que de l'autre; seulement, dans l'appareil où se trouvait l'eau salée, les feuilles avaient pris une teinte d'un vert foncé, comme dans l'expérience no 4. Cette différence dans la coloration s'est maintenue constamment jusqu'au 10 septembre, où l'expérience fut arrêtée. La rosée ne se déposait pas non plus sur les feuilles des plantes soumises au régime salé, comme dans l'expérience avec le ray-grass. Vers le 15 août, la végétation prit l'avance dans l'appareil non salé; les tiges s'allongèrent considérablement et s'étiolèrent, vu la grande quantité de graines de froment semées sur une superficie qui n'avait que 3 décimètres carrés environ.

Le 10 septembre, les tiges avaient 4 décimètres de longueur, leur grosseur était dans le rapport des longueurs; elles avaient une teinte jaune annonçant un dépérissement rapide; tandis que les autres avaient conservé leur couleur vert foncé, qui annonçait l'état de bonne santé.

A ce sujet, je rappellerai que M. Kulhmann avait observé, dans le cours de ses expériences, que les plantes qui croissent sous l'influence des produits azotés avaient des feuilles d'un vert sombre, servant à caractériser, à l'œil, le régime auquel ces plantes étaient soumises. Ne pourrait-on pas croire que, lorsque les plantes se trouvent en présence d'une quantité notable de sel marin, des effets analogues sont produits aux dépens du peu de matières organiques qui se trouvent dans le sol? Il pourrait se faire encore que cette coloration en vert sombre fût la conséquence d'une respiration plus active, ce qui rentrerait dans la manière de voir de M. Lecoq.

Tels sont les effets produits, en employant le sel après la germination, à forte dose, en présence de l'eau, c'est-à-dire dans la proportion de 50 quintaux par hectare.

L'analyse a donné les résultats suivants :

1° *Froment non soumis au régime salé.*

	gr.
Plantes incinérées	3,000
1 gramme de cendre a donné en sel	0,045
3 grammes de cendre ont donné en sel	0,135

2° *Froment soumis au régime salé.*

	gr.
Plantes incinérées	1,500
1 gramme de cendre a donné en sel	0,358
1,50 de cendre a donné en sel	0,537

Il résulte de là que les cendres de froment, soumises au régime salé, renferment neuf fois plus de sel que les autres. Les céréales, comme les autres graminées, peuvent donc prendre une très-grande quantité de sel pendant leur végétation, sous l'influence de l'eau, sans qu'il y ait pour cela de perturbation sensible dans l'action des forces vitales.

Les expériences précédentes, à l'exception d'une seule, ont été faites dans des appareils disposés de manière qu'aucune cause extérieure ne produisît une déperdition de sel, afin de ne rien changer aux conditions dans lesquelles ces expériences avaient été entreprises. On les a répétées ensuite dans des carrés de bonne terre arable d'un mètre de superficie. Deux carrés étaient ensemencés avec la même espèce et la même quantité de graine. L'un était arrosé avec de l'eau ordinaire et l'autre avec de l'eau salée, dans les proportions que nous allons indiquer.

DEUXIÈME EXPÉRIENCE.

Le 24 juillet on a semé dans deux de ces carrés, par proportions égales, 30 grammes de moutarde blanche; on a arrosé tous les jours chaque carré avec 4 litres d'eau, jusqu'à ce que les plantes fussent sorties de terre. On a ajouté ensuite, à l'eau destinée au carré n° 2, contigu à l'autre, et qui n'en était séparé que par un petit mur en briques d'un décimètre seulement de profondeur, 5 grammes de sel pendant six jours; total 30 grammes. Plus tard on a dissous, à diverses reprises, 30 autres grammes.

La végétation s'est développée avec force de part et d'autre; rien n'annonçait que le régime salé causât aucun dommage dans le développement de la végétation, et cependant la dose de sel était d'environ 600 kilogrammes par hectare!

Le 5 août, après une assez forte averse, on répandit sur les feuilles de moutarde des carrés salés, 5 grammes de sel en poudre; quelques instants après le soleil vint à briller. L'eau déposée sur les feuilles ne tarda pas à être vaporisée, et un grand nombre d'entre elles furent aussitôt flétries. Pour parer à cet accident, on arrosa immédiatement les plantes pour enlever le sel; mais il ne fut pas possible de les sauver toutes, on en perdit quelques-unes et d'autres se ressentirent de l'effet produit par le sel; effet analogue à celui que l'on observe le long des bâtiments de graduation, dans les salines, lorsque l'eau salée tombe par un temps de sécheresse sur les plantes cultivées dans leur voisinage, et dont j'ai parlé dans mon premier mémoire.

Le 18 août, on arracha tous les pieds, à l'instant où la floraison allait s'effectuer.

L'analyse a donné.

	gr.
Plantes sèches non salées.	59,000
Plantes sèches incinérées.	12,000
1 gramme de cendre a donné en sel.	0,030
100 grammes de plantes sèches ont donc donné.	0,610
Ou 0,006 de leur poids.	
Plantes sèches salées.	51,000
Plantes incinérées.	12,000
1 gramme de cendre a donné en sel.	0,135
100 grammes de plantes sèches ont donc donné.	3,100
Ou 0,031 de leur poids.	

Cette quantité de sel prise par la moutarde jusqu'à

la floraison est en rapport avec celle fournie par d'autres plantes dans les expériences précédentes.

TROISIÈME EXPÉRIENCE.

Le 6 août, on a semé dans deux petits carrés 74 grammes de froment, en ayant soin d'arroser pendant trois jours avec 4 litres d'eau. Aussitôt que les plantes furent sorties de terre, on arrosa le n° 2 pendant cinq jours, en ajoutant chaque jour 20 grammes de sel aux 4 litres d'eau, total 100 grammes pour un mètre carré ou 1000 kilogrammes par hectare. La végétation s'est développée avec force de part et d'autre. Le 14 septembre elle paraissait un peu plus forte dans le carré salé que dans l'autre. Les plantes venues dans le carré non salé pesaient 615 grammes; celles du carré salé 735 grammes.

Voici les résultats de l'analyse.

1° *Plantes vertes non salées.*

	gr.
65 grammes prélevés sur les 615 ont donné, après dessiccation	17,000
Lesquels 17 grammes ont fourni après l'incinération.	2,200
1 gramme de cendre a fourni en sel	0,050
100 grammes de plantes sèches ont donné en sel	0,640
Ou 0,0064 de leur poids.	

2° *Plantes vertes salées.*

	gr
70 grammes prélevés sur les 735 ont donné, après dessiccation	18,500
Lesquels 18,5 ont fourni après l'incinération	3,200
1 gramme de cendre a donné en sel	0,157
100 grammes de plantes sèches ont donné en sel	2,700
Ou 0,027 de leur poids.	

QUATRIÈME EXPÉRIENCE.

Le 6 août, on a semé dans deux petits carrés de 1 mètre de superficie, 70 grammes d'avoine, en les soumettant au régime salé et non salé, comme précédemment après la germination. La végétation s'est également bien développée dans les deux carrés, quoique les tiges fussent plus longues dans le carré salé que dans l'autre; néanmoins la différence de poids n'était pas aussi considérable qu'à l'égard du froment.

Le 23 septembre, on a coupé ras de terre toutes les tiges d'avoine; on a eu

	gr.
Dans le carré non salé....................	610
Dans le carré salé.........................	676
Différence..........	66

On voit par là que le régime salé a augmenté seulement d'un dixième la quantité en poids des tiges d'avoine; tandis que l'augmentation a été, dans les mêmes circonstances, d'un sixième pour le froment.

	gr.
110 grammes de plantes vertes soumises au régime salé ont donné en plantes sèches...............	20,000
Après l'incinération.........................	3,000
1 gramme de cendre a produit en sel.......... ...	1,095
Ou 0,0195 de leur poids.	

La teneur en sel des pailles d'avoine est un peu moins grande que celle des pailles de froment qui a été trouvée égale à 0, 027.

Des expériences semblables aux précédentes ont été faites avec des vesces semées dans des terrains salés et non salés, en se conformant à la marche qui avait déjà été suivie, c'est-à-dire que le salage n'a été effectué par voie aqueuse qu'après la germination.

Voici les résultats comparatifs obtenus dans les deux cas :

Les vesces coupées en vert pesaient

	gr.
1° Celles non salées, venues dans une superficie de 1 mètre carré	728
2° Celles salées, venues dans une superficie de 1 mètre carré	291
Différence	437

Cette différence prouve que l'emploi du sel dans les proportions indiquées a diminué la récolte du carré n° 2 de deux tiers environ.

1° *Vesces soumises au régime salé.*

	gr.
Plantes vertes	50,000
Plantes sèches	10,700
Plantes incinérées	1,500
1 gramme de ces cendres a donné en sel	0,234
100 grammes de plantes sèches renfermaient donc en sel	3,280

Ou 0,0328 de leur poids.

2° *Vesces soumises au régime non salé.*

	gr.
Plantes vertes	50,000
Plantes desséchées	9,600
Plantes incinérées	1,400
1 gramme de ces cendres a donné en sel	0,060
100 grammes de plantes sèches renfermaient donc en sel	0,875

Ou 0,0087 de leur poids.

Ces résultats mettent en évidence les deux faits suivants :

1° Les vesces soumises au régime salé, après la germination, n'ont pas reçu, comme les autres plantes, un accroissement de force pendant la végétation, mais bien une diminution, puisque le produit en plantes vertes n'a été que les deux tiers environ de celui des vesces venues hors de l'influence du sel. 2° Le deuxième est relatif à la grande quantité de sel renfermée dans les plantes provenant des terrains non salés. On ne peut expliquer ce fait qu'en admettant que le sel qui se trouvait dans le terrain salé a passé peu à peu, par infiltration, dans le carré contigu, destiné à la culture de la vesce non soumise au régime salé; ce n'est là toutefois qu'une explication. Je rappellerai aussi que dans les expériences qui ont été faites, touchant l'influence du sel sur la germination, les graines de vesce sont celles qui en ont éprouvé les effets les plus fâcheux.

Il résulte de là que, si de nouvelles expériences confirment la conséquence que l'on vient de tirer des effets produits par le sel sur la végétation de la vesce, il faudra en conclure, comme on en a déjà plusieurs exemples, que le sel ne convient pas à toutes les plantes.

Une question se présente naturellement ici : Les plantes prennent continuellement du sel au sol par l'intermédiaire de l'eau aspirée par les racines; on se demande si la quantité du sel absorbé n'atteint pas, au bout d'un certain temps, une limite au delà de laquelle les plantes doivent dépérir? Le sel n'étant point assimilé aux organes de la plante, doit être excrété quand il se trouve en excès. Si le sol et l'atmosphère sont dans un grand état de sécheresse, le sel excrété reste sur les feuilles et concourt à leur désorganisation, ainsi qu'au dépérissement de la plante. Dans le cas contraire, c'est-à-dire si le sol est ordinairement humide, ainsi que l'air, le sel est enlevé par les eaux, et les plantes ne sauraient en souffrir. L'expérience prouve, en effet, que les eaux peuvent enlever continuellement le sel qui se trouve dans les plantes venues dans un sol salé.

PREMIÈRE EXPÉRIENCE.

On a pris des vesces salées, semblables à celles qui avaient servi dans l'expérience précédente, on les a mises en digestion, pendant quatre jours, dans de l'eau ordinaire, que l'on a renouvelée deux fois par jour.

	gr.
Les plantes desséchées pesaient	22,040
Les plantes incinérées	1,000
1 gramme de cendre a donné en sel	0,021
100 grammes de plantes sèches renfermaient donc en sel	0,094
Ou 0,0009 de leur poids.	

DEUXIÈME EXPÉRIENCE.

Des plantes salées, semblables aux précédentes, ont été mises en digestion dans l'eau pendant douze heures, puis retirées et séchées pendant un jour; après quoi elles ont été mises de nouveau en digestion, puis séchées à l'air, et ainsi de suite pendant trois jours.

	gr.
Les plantes sèches pesaient.................... ...	18,040
Les plantes après incinération....................	2,200
1 gramme de ces cendres a donné en sel...........	0,179
100 grammes de plantes sèches renfermaient donc en sel....................................	2,000
Ou 0,02 de leur poids.	

La première expérience montre que lorsque les plantes restent plusieurs jours en digestion dans l'eau, l'eau s'empare d'une partie plus ou moins considérable du sel introduit.

La deuxième prouve que lorsque les plantes restent moins de temps en contact avec l'eau, sont retirées et séchées, puis replongées de nouveau dans l'eau, elles conservent une plus grande quantité de sel.

Les plantes n'ont conservé, dans la première expérience, que 0,0009 de leur poids; tandis que le poids a été de 0,02 dans la deuxième.

On doit donc présumer que si l'on eût laissé séjourner davantage les plantes dans l'eau, tout le sel qu'elles contenaient aurait été enlevé. Il peut très-bien se faire que, dans la macération, les tissus ayent été en partie désorganisés et qu'une portion du sel ait pu sortir des cellules.

Néanmoins, il est à croire que des pluies fréquentes enlèvent une portion du sel absorbé et en laissent néanmoins encore des quantités notables.

Quand la saison est sèche, la quantité de sel absorbé, s'accumulant sans cesse dans les plantes, peut y produire des effets désastreux, quand cette quantité dépasse certaine limite. Dans les pays humides et dans les climats marins, où l'atmosphère est fréquemment humide, on n'a pas à craindre cet inconvénient. On n'a pas encore déterminé le maximum de sel que les plantes peuvent prendre dans leurs tissus sans que la vie végétale en souffre; nous savons seulement, par les expériences faites précédemment, que le ray-grass peut prendre jusqu'à 0,055 pour 100 de son poids, la moutarde 0,077, et le froment 0,046, sans qu'il en résulte une perturbation dans la végétation.

CONCLUSIONS.

Les faits consignés dans ce mémoire conduisent aux conséquences suivantes :

1° Le sel en solution paraît nuire en général à la germination; suivant les proportions employées, il altère ou détruit les embryons. Quand l'altération a été sensible, les jeunes plantes ne prennent pas le développement qu'elles auraient eu si elles n'eussent pas été soumises au régime salé.

2° Quand la germination est achevée hors de l'influence du sel, et que les jeunes plantes sont sorties de terre, on peut les soumettre au régime salé, même à forte dose, par l'intermédiaire de l'eau, sans craindre d'altérer les tissus, et de porter par conséquent une perturbation quelconque dans la végétation, jusqu'à la floraison toutefois, car les expériences commencées pour savoir ce qui se passe ensuite ne seront achevées que l'année prochaine. Les plantes en général acquièrent plus de force que celles venues naturellement, pourvu toutefois que les proportions de sel ne dépassent pas certaines limites. Ces plantes prennent une quantité de sel qui peut aller jusqu'à 8 pour 100 de leur poids quand elles ont été amenées à un grand état de dessiccation.

3° L'influence du sel sur la germination, même en présence de l'eau, peut servir, jusqu'à un certain point, à expliquer les effets divers obtenus par les personnes qui se sont occupées d'expériences relatives à l'action du sel comme amendement, en ne tenant pas compte de l'époque où avait lieu le salage.

4° Si l'on veut employer le sel comme amendement, dans les terres destinées à la culture des céréales, la théorie indique qu'il ne faut pas le répandre à l'époque des semailles, puisqu'il nuirait à la germination; il semblerait que ce qu'il y aurait de mieux à faire, ce serait de l'employer vers le mois de mars, quand la terre est encore fortement humide, et avant que la végétation se développât avec force. En opérant à cette époque, on éviterait aussi que les pluies de l'hiver n'entraînassent le sel au loin (ou dans les parties inférieures du sol), où il ne pourrait plus servir à activer la végétation au printemps.

La quantité de sel que l'on doit répandre sur une terre dépend de la nature des plantes qu'on y cultive, attendu que toutes ne paraissent pas, à beaucoup près, recevoir des effets salutaires de cette substance.

Les expériences de M. Kulhmann ont montré que le sel était un excitant dans la végétation, surtout en présence des engrais azotés. Il est donc probable qu'à l'égard de certaines plantes qui exigent une nourriture substantielle, il sera nécessaire de s'assurer si le sel, hors de la présence de ces engrais, ne serait pas de nature à les énerver, en produisant chez elles un état de surexcitation.

5° La grande quantité de sel que prennent les tiges des céréales dans les circonstances que j'ai indiquées contribue à leur donner de la qualité comme fourrage.

6° Tous ces résultats ne préjugent rien à l'égard du produit en grains, que l'on ne connaîtra que l'année prochaine, quand les expériences commencées seront achevées.

7° Quant aux prairies, si elles sont humides, il faudra répandre le sel à l'époque où la végétation se développe. Si les prés sont secs, il sera nécessaire d'attendre la saison des pluies pour faire cette opération.

8° Dans les terrains à fonds imperméables, il y aurait danger à les saler souvent; car la quantité de sel semée en premier lieu, restant en grande partie dans le sol, peut suffire pendant longtemps, si toutefois elle ne nuit pas aux germinations ultérieures. Si le fond, au contraire, est perméable, il sera indispensable de recommencer le salage à chaque culture. Avant de prendre un parti définitif, à cet égard, on en appellera à l'expérience, qui seule peut guider sûrement. Le sel restant plus ou moins de temps dans le sol, suivant qu'il est à fond imperméable ou à fond perméable, et toutes les plantes ne s'accommodant pas au même degré du régime salé, comme la vesce en est un exemple, il sera nécessaire, dans le système d'assolement que l'on adoptera, d'éviter d'y introduire des plantes légumineuses ou autres qui auraient à souffrir du sel.

9° Le but que l'on s'est proposé dans ce mémoire a été d'indiquer la marche à suivre dans les expériences à faire sur une grande échelle pour déterminer avec exactitude le rôle que joue le sel marin, comme amendement en agriculture, avec ou sans le concours des engrais azotés.

Paris, ce 18 octobre 1847.

BECQUEREL,

Membre de l'Académie des Sciences, de la Société royale et centrale d'agriculture, etc.

PARIS. — TYPOGRAPHIE DE FIRMIN DIDOT FRÈRES, RUE JACOB, 56.

www.ingramcontent.com/pod-product-compliance
Ingram Content Group UK Ltd.
Pitfield, Milton Keynes, MK11 3LW, UK
UKHW022004260726
13994UKWH00004B/1940